AF586561

ESSAI

SUR LA

MALADIE DE LA VIGNE

ESSAI

SUR LA

MALADIE DE LA VIGNE

ET

SUR LES REMÈDES EFFICACES

POUR LA PRÉVENIR OU POUR LA DÉTRUIRE

PAR

M. ROUS

Ancien Professeur et ancien Secrétaire d'Académie à Montauban

MONTAUBAN

FORESTIÉ PÈRE ET FILS, IMPRIMEURS-LIBRAIRES-ÉDITEURS

PLACE IMPÉRIALE

[illegible]

INTRODUCTION

Assurément la maladie de la vigne a, dans l'espace de dix années, causé des maux fort graves et fort nombreux. Depuis qu'elle sévit avec plus ou moins de fureur, les contrées vinicoles sont réellement en grande souffrance : le riche est privé d'un revenu dont il profitait, et le pauvre éprouve de très-pénibles privations; son unique ressource pour obvier à ses besoins, pour soutenir ses forces épuisées, lui est enlevée; sa boisson ordinaire lui manque, il est obligé de boire de l'eau. Pour les pays non vinicoles, où l'on n'a pas journellement de vin, cette privation n'est pas sensible au même degré; mais elle est extrêmement sensible aux personnes qui, dès leur enfance, en avaient contracté l'habitude. Ainsi, les ouvriers des villes, les gens de la campagne, qui supportent les poids des travaux et les rigueurs des saisons, se trouvent dans une situation tout-à-fait déplorable. Le manque ou du moins la rareté du vin ne permet pas au commerce de se livrer à ses spéculations ordinaires; les villes n'ont plus les revenus qu'elles tiraient des octrois, et, par suite, l'État, à son tour, est privé d'une abondante source de recettes. En 1853, M. Dumont, ancien ministre, faisait insérer dans le ***Journal d'Agen*** des pensées remarquables sur ce sujet : « Cette question est, en « effet, grosse d'orages, car la maladie de la vi- « gne a fait, dans ces derniers temps, d'effrayants « progrès; elle se généralise dans la plupart de « nos départements vinicoles, et elle peut causer « un énorme déficit dans notre production, jeter « une gêne profonde au sein de nos populations « laborieuses, et frustrer le Trésor d'une source « précieuse de revenus. »

On a étudié cette maladie, on a imaginé ou trouvé une infinité de remèdes. Diverses opinions sur la nature du fléau, et sur les médicaments à lui opposer, se sont manifestées dans les différentes localités attaquées. Une foule d'essais ont été faits; mais, soit que l'on n'ait connu ni la vraie maladie, ni le vrai remède, soit qu'on n'ait pas employé le bon remède dans un temps opportun, soit qu'on l'ait mal appliqué, généralement on n'a pas réussi. Le doute règne partout, le découragement est partout, partout une inaction qui propage et perpétue le mal. Rien ne se montre pour donner quelque espoir. Le fléau néanmoins s'aggrave, se répand en tout lieu, et menace de tout envahir. Il a produit d'immenses ruines, et s'il est favorisé par l'état de l'atmosphère, il n'est pas détruit; il continuera très-certainement ses ravages accoutumés, et bientôt la vigne ne sera plus, à moins que des efforts extraordinaires ne viennent arrêter sa marche de destruction. L'Auteur de cet Opuscule a soigneusement observé la maladie, a éprouvé les remèdes indiqués, a lu, pour sa propre instruction, tout ce que les anciens et les modernes nous ont laissé sur les affections auxquelles la vigne est sujette, et sur tout ce qui concerne l'*Oïdium*. Après ses profondes méditations, après ses nombreuses et sérieuses expériences, il a pensé que la maladie de la vigne n'est pas incurable, que certains remèdes ne sont d'aucune efficacité, que quelques-uns sont pires que le mal, que la plupart sont d'une efficacité insuffisante; mais que beaucoup, s'ils sont bien appliqués, sont d'une propriété incontestable. Le doute qui règne partout l'a singulièrement choqué. Aussi, il a mûrement examiné son sujet; il s'est rendu un compte sévère des expériences faites par d'autres et répétées par lui, et puis il a rédigé ce modeste Essai. Ce sont, relativement à cette matière, ses pensées qu'il communique à ses confrères, dont il désire réveiller l'attention, afin que les esprits se portent vivement et ardemment sur cette étude, que la lumière jaillisse dans ces épaisses ténèbres, qu'une forte coalition se forme, qu'une guerre générale et acharnée soit déclarée à l'*Oïdium*, et qu'il disparaisse enfin du monde entier. Il se croira fort heureux s'il fait un acte qui soit en harmonie avec la sollicitude du Gouvernement et s'il est utile à ses semblables, spécialement à ceux qui souffrent le plus.

ESSAI

SUR LA

MALADIE DE LA VIGNE

ESSAI

SUR LA

MALADIE DE LA VIGNE

ET

SUR LES REMÈDES EFFICACES

POUR LA PRÉVENIR OU POUR LA DÉTRUIRE

SOMMAIRE. — Situation actuelle de la science, relativement à la maladie de la vigne; causes qui ont amené cette déplorable situation. Ravages rapides et effrayants. Divergence d'opinions sur la nature du fléau et sur les médicaments préventifs ou curatifs. Efforts tentés pour remédier au mal. Insuccès, doute, découragement, inaction. C'est un mal, comme le *Choléra*, envoyé de Dieu pour punir les crimes de la terre; il cessera quand Dieu le voudra; observations sur cette doctrine. Ce sont les chemins de fer, les vapeurs délétères des locomotives, qui apportent l'*Oïdium;* absurdité de cette opinion. C'est un brouillard ordinaire; distinction du brouillard ordinaire et de la poudre grise ; par leur nature et par leurs effets, ces deux affections diffèrent énormément : l'une fait quelque mal, mais l'autre est une peste qui porte au loin la ruine et le désespoir. Les perturbations dans l'atmosphère favorisent le développement de l'*Oïdium*, ou bien lui nuisent, mais elles ne le causent point. C'est la vigne qui est malade par exubérance de sève, ou par affaiblissement, épuisement, etc.; réfutation de ce système. Les jeunes pousses, les feuilles et les raisins, sont attaqués par une cause étrangère; admission de cette doctrine. Faits observés, universellement reconnus; conséquences de ces principes. Détail des remèdes; rejet de ceux qui sont mauvais et de ceux qui sont insuffisants; admission des bons et manière de les employer. Conduite à tenir à cet égard. Résumé. Invitation aux propriétaires de vignes.

Situation actuelle de la science, relativement à la maladie de la vigne; causes qui ont amené cette déplorable situation.

Il paraît que la maladie qui afflige la vigne n'était point connue avant notre époque; on trouve, il est vrai, dans les auteurs anciens et dans leurs successeurs, diverses maladies qui ont attaqué la vigne, mais la maladie désignée sous le nom d'*Oïdium* est toute récente. Seulement, en

1845, elle a été remarquée pour la première fois, en Angleterre, par un jardinier nommé Tucker. Depuis ce temps, elle s'est répandue en Belgique, en France, en Allemagne, en Espagne, en Portugal, en Italie, en Grèce, en Afrique et en Asie, portant en tous ces lieux la désolation et le désespoir. Il est sans doute curieux, mais très-important, de suivre le fléau dans sa marche, et de signaler ses apparitions, ses disparitions, ses intermittences, etc., avec ses ravages plus ou moins rapides et plus ou moins affreux. En 1845, cette maladie a été observée en Angleterre; en 1847, en Belgique; en 1848, en France, à Suresne; en 1850, à Versailles; en 1851, à Orléans, Mâcon, Dijon, Bordeaux, etc.; en 1852, elle a fait des ravages effrayants, elle a été très-violente et elle s'est étendue fort loin; en 1853, le fléau dévastateur a continué sa marche, et les ravages ont été immenses : les pays déjà envahis ont subi toute la violence du mal, et d'autres, intacts jusqu'alors, ont été désolés. On lisait dans un journal d'Auch : « L'*Oïdium* « *Tuckery* vient de faire sa funeste apparition dans le « département du Gers. Dans l'espace de moins de huit « jours, les plus belles vignes de l'ouest ont été envahies. « La maladie a fait des progrès si rapides, que, dans cer- « taines contrées, sur une superficie de plus d'un hectare, « on ne trouverait peut-être pas dix ceps qui ne soient « atteints. Du soir au lendemain, le raisin se couvre d'une « poussière blanchâtre qui répand une forte odeur de « champignon, presque nauséabonde, même avant d'avoir « été touché. Bientôt il devient terne, se flétrit et coule. « Si quelque changement subit dans l'atmosphère ne vient « arrêter les progrès du mal, c'en est fait de la récolte « pendante. Les propriétaires sont dans la consternation : « ils voient périr en un instant les espérances d'une année « entière de travaux et de sacrifices. Cette perte est d'autant « plus désolante, que le vin est leur unique ressource. Si la « partie ouest du département était seule atteinte par le « fléau dévastateur, le mal, déjà assez grand, serait cepen- « dant plus supportable; mais les Hautes et Basses-Pyré- « nées, les Landes, sont aussi envahies. Le riche côteau de « Madiran, qui embrasse Saint-Lanne, Canet, Maumusson, « Vielle, Saint-Mont, et qui produit les vins les plus es- « timés du département, est le plus maltraité. Les vignes

Ravages rapides et effrayants.

« où la pousse est la plus luxuriante, sont celles où il exerce « les plus grands ravages. C'est un spectacle déchirant de « voir ces ceps, si vigoureux, dépouillés de leurs fruits au « moment presque de les cueillir. »

Efforts tentés pour remédier au mal.

A la vue de tant de ruines, les esprits se sont émus, se sont évertués, et l'on a imaginé ou trouvé une foule de remèdes dont la plupart n'ont produit aucun effet; quelques-uns un effet funeste ou insuffisant, et seulement un très-petit nombre de bons résultats; les uns n'avaient aucun rapport avec l'*Oïdium*, quelques-uns devaient même nuire à la vigne; les autres avaient une certaine aptitude, mais cette aptitude ne suffisait pas; d'autres néanmoins étaient propres à prévenir ou à détruire le mal, mais ils n'ont été employés que par quelques individus, et généralement ils ont été mal appliqués. Les populations n'ont pas d'abord cru à l'existence de la maladie; on a pensé que c'était un brouillard ordinaire, qu'il suffirait de quelques fortes pluies pour le laver, et qu'il ne causerait pas beaucoup de mal.

Insuccès, doute, découragement, inaction.

Ainsi, l'on s'est endormi, on a laissé le fléau s'accroître à son aise; les personnes qui s'étaient servi des remèdes proposés n'ayant pas réussi, se sont découragées; le doute s'est glissé dans presque tous les esprits, et le découragement s'est emparé de presque tous les cœurs. La malveillance n'a pas été étrangère à cet état de choses : on a dit, on a répété que c'étaient les chemins de fer, la vapeur des locomotives, qui, en répandant des gaz délétères, étaient la cause du mal. Des gens simples, crédules, ont pensé que l'*Oïdium* était, comme le Choléra, un fléau envoyé du Ciel, qui passerait quand Dieu le jugerait convenable, etc. Telle était la situation de la maladie et des esprits en 1852 et en 1853. Que MM. les propriétaires veuillent bien se rappeler leurs souvenirs, et ils reconnaîtront l'exacte vérité de tous ces détails. En 1854, le fléau a semblé se retirer de nos climats; mais les esprits et les cœurs étaient dans les mêmes dispositions, relativement à la nature de la maladie et relativement aux remèdes préventifs ou curatifs. En 1855, le fléau a reparu dans un fort grand nombre de localités : il a plus sévi que l'année précédente, et toujours mêmes dispositions des esprits et des cœurs, par rapport à cette matière. Voilà les causes qui, pour des motifs différents, ont amené le doute, le découragement et l'inaction dans presque tous les pays vinicoles, et voilà en même temps la véritable situation actuelle de la science, relativement à la maladie de la vigne.

Puisque l'on a pris une fausse route, qu'on s'est égaré, qu'on n'a point évité les maux qui nous désolent, que prescrit la sagesse? La sagesse prescrit d'étudier la matière plus sérieusement encore, de bien l'approfondir, sans esprit de parti, avec toute l'ardeur et la constance possibles, de se livrer à de nouvelles et consciencieuses expériences jusqu'à ce que la vérité brille enfin à nos yeux: alors le doute se dissipera, la confiance renaîtra, et l'ardeur animera tous les cœurs; alors aussi le fléau dévastateur s'éloignera du milieu de nous; la vigne, délivrée de cette cause de mort, reprendra sa force et sa fraîcheur, le jus du raisin coulera de nouveau, avec abondance, dans les pays vinicoles, le riche recouvrera ses revenus, le pauvre sa précieuse ressource, et les communes ainsi que l'État leurs recettes ordinaires.

Divergence d'opinions sur la nature de la maladie et sur les remèdes préventifs ou curatifs.

L'*Oïdium* est un fléau du Ciel.

Les vues sur la nature de la maladie et sur les remèdes efficaces à lui opposer ont été très-variées et fort nombreuses, on a eu presque une foule d'opinions différentes. Les uns ont dit: « C'est un fléau du Ciel pour punir les « crimes de la terre: quand ce sera la volonté de Dieu « nous en seront délivrés; il n'y a absolument rien à faire, « nous pouvons attendre cet évènement sans nous donner « la moindre peine; d'ailleurs tout effort dans ce but « serait complètement inutile. »

Les chemins de fer l'apportent.

On a entendu des gens soutenir que les chemins de fer, les vapeurs délétères des locomotives, apportaient l'*Oïdium*, qu'il fallait maudire les chemins de fer ou les détruire;

C'est un brouillard ordinaire.

d'autres ont affirmé que c'était un brouillard ordinaire, qu'il ne ferait pas grand mal, que ce n'était rien.

C'est la vigne qui est trop forte ou épuisée; c'est le raisin qui est malade.

Des savants ont été d'avis que la vigne était malade, qu'elle était trop puissante ou totalement épuisée, et qu'il fallait soigner la vigne; d'autres ont soutenu que c'était le raisin, et que l'unique moyen de chasser le fléau c'était de médicamenter le raisin; etc.

Observations sur la doctrine que l'*Oïdium* est un fléau du Ciel.

L'opinion relative à la Providence ne peut être admise; sans doute la Providence préside à tout ce qui se passe ici-bas, et rien n'arrive sans la volonté de Dieu. « Un seul « cheveu de notre tête, » dit l'Évangile, « ne tombe point sans « la volonté du Ciel. » Il est très-possible que le *Choléra*, l'*Oïdium* et d'autres maux, soient des fléaux envoyés pour nous punir; il n'y a rien là de contraire aux vrais principes. Mais rien ne prouve qu'il en soit ainsi pour l'*Oïdium*, et c'est mal agir que de ne rien faire pour connaître et combattre le mal; il ne nous convient pas de tenter la Divinité. Il faut éviter le mal et pratiquer le bien; mais aussi il faut employer les moyens qui sont en notre pouvoir pour prévenir ou pour détruire la maladie. Si la maxime: *Aide toi, et le Ciel t'aidera*, est susceptible d'une application quelconque, elle s'applique fort naturellement à la matière en question. Ainsi, cette Opinion doit être rejetée : elle n'est pas conforme au véritable esprit de l'Évangile, elle porte un notable préjudice à de si grands intérêts, elle contribue à perpétuer une situation incontestablement déplorable.

Absurdité de l'opinion que l'*Oïdium* est apporté par les chemins de fer.

Quant à l'Opinion qui attribue l'*Oïdium* aux chemins de fer, c'est une absurdité si jamais il y a eu absurdité : les gaz dont il s'agit n'ont point la propriété d'attirer l'*Oïdium;* ils seraient au contraire, comme il sera montré plus loin, un excellent remède contre cette maladie. Une preuve péremptoire contre cette opinion, c'est que la maladie ne s'est pas déclarée dans des lieux où il y a des chemins de fer, et qu'elle a sévi plus ou moins violemment dans des contrées où il n'y a pas de chemins de fer. Si la première preuve ne peut être goûtée que des personnes instruites, l'évidence de la seconde doit frapper tous les esprits. Donc, ce ne sont point les chemins de fer, les vapeurs des locomotives, qui sont causes de l'*Oïdium*.

Ce n'est point un brouillard ordinaire; distinction du brouillard et de l'*Oïdium :* l'un cause quelque mal, mais l'autre est une peste qui porte la ruine et le désespoir.

Ce n'est point un brouillard ordinaire; il y a une très-grande différence entre l'un et l'autre. Une même souche peut bien être attaquée à la fois par le brouillard et par l'*Oïdium;* mais il est facile de distinguer les deux affections: le brouillard porté par les nuages tombe, avec la pluie ou sans pluie, sur une foule d'objets; il n'attaque pas de préférence les jeunes pousses, les feuilles de la vigne et le raisin. Les fruits entachés de brouillard se sèchent ou ne prospèrent pas aussi bien et conservent long-temps les taches qui les ont couverts, et ils ne dépérissent pas entièrement : quelques pluies suffisent pour en effacer les traces; il ne nuit qu'aux sujets sur lesquels il s'est arrêté. L'*Oïdium* couvre de sa poudre grise les jeunes pousses, les feuilles de la vigne et le raisin; on ne le trouve point sur d'autres plantes; tout se flétrit, se dessèche et finit par la mort; le bois est couvert de taches noires, il sèche entièrement; les feuilles deviennent rouges, noires et elles tombent; les raisins, tachetés de noir, se noircissent et se sèchent. Ainsi, l'*Oïdium* n'est pas seulement un brouillard, c'est quelque chose de plus meurtrier, c'est quelque chose d'extraordinaire et de fort extraordinaire : c'est une peste qui se répand au loin et qui partout cause plus ou moins d'épouvantables ravages.

Les perturbations dans l'atmosphère favorisent l'*Oïdium* ou nuisent à son développement, mais elles ne le causent point.

On dit généralement que la cause de l'*Oïdium* est due à l'influence atmosphérique qui, par ses variations depuis plusieurs années, apporte une perturbation permanente dans la végétation. Oui, l'état atmosphérique influe puissamment sur la végétation. Lorsque le temps est propice au développement naturel des différentes semences, la végétation, n'étant point contrariée dans sa marche progressive, s'avance rapidement et donne des résultats merveilleux; mais quand il y a perturbation dans l'atmotsphère, que la chaleur nécessaire au mouvement général n'arrive point aux plantes, que les plantes sont resserrées par le froid et saturées d'eau à tel excès qu'il y a plus que surabondance de cet élément, alors la nature ne reste plus la même, les objets changent de nature. Si, pendant cet état de choses, un mal, une peste se déclare, son développement est soumis à la règle générale, il s'arrête ou se modifie, ou bien il précipite sa marche, suivant qu'il est contrarié ou favorisé dans son cours. L'*Oïdium*, comme les autres maladies, a subi l'influence de l'atmosphère : il a éclaté, il s'est répandu, ou bien il s'est arrêté, a suspendu ses ravages, a disparu, selon que les saisons lui ont été propices ou contraires. Ainsi, ce ne sont point les variations de l'atmosphère qui ont causé l'*Oïdium* : il y a pour cette maladie un autre principe, et ce principe est totalement étranger à l'état atmosphérique; seulement l'état atmosphérique exerce sur cette germination son influence, comme il l'exerce sur les autres objets. Sans l'existence du fléau, sans les animalcules, les variations atmosphériques ne produiraient pas l'*Oïdium*; cette peste aurait existé dans d'autres temps. Les variations atmosphériques ne sont pas nouvelles et l'*Oïdium* est tout récent : il ne date que depuis

1845. Ce ne sont donc point les perturbations provenant de l'état de l'atmosphère qui sont la cause de ce fléau.

C'est la vigne qui est malade par exubérance de sève ou par épuisement; réfutation de ce système.

L'opinion que la vigne est malade doit être rejetée; elle est contraire à des faits que l'on ne peut contester et à des expériences assez souvent répétées pour que la certitude arrive nécessairement à tout esprit non prévenu. Les auteurs de cette opinion disent : « La vigne a fait son temps; « bien d'autres choses disparaissent du monde, le tour de « la vigne est venu, bientôt elle ne sera plus. » Quelques-uns, en très-petit nombre, veulent que la vigne soit trop puissante. — Oui, il y a des choses qui, après un éclat plus ou moins brillant, se sont évanouies. L'histoire nous présente de grands et puissants empires qui d'abord ont étonné l'univers par l'éclat de leur prospérité, et qui ont ensuite disparu, sont plongés dans l'oubli, ou ne laissent que de tristes ruines. Or, ces colosses de puissance renfermaient dans leur sein des éléments de mort; ces éléments ont enfin triomphé et causé d'immenses ruines. Pour ceux qui possèdent l'histoire, cette idée est d'une évidence si frappante, que le moindre doute est impossible. Mais rien ne prouve que la vigne soit dans ce cas ; elle ne porte dans son sein aucun élément de mort. Les vignes vieilles finissent par mourir; elles sont immédiatement remplacées par de jeunes plants, qui, dans quelques années, deviennent des vignes excellentes, et qui produisent si rien n'arrête leur fécondité. On a soumis à une analyse rigoureuse des souches non attaquées par la maladie et des souches qui en étaient atteintes, et partout on a trouvé que le bois était également sain. Plusieurs naturalistes ont, à l'aide d'un microscope, examiné la cause du mal, et ils ont découvert un animalcule, d'une excessive petitesse, qui produit ces ravages. Ces faits, joints au fait que l'*Oïdium* attaque de préférence les vignes les plus belles, les plus riches, démontrent d'une manière irrésistible que cette maladie n'est pas une suite de l'état de la vigne, qu'elle lui vient sûrement d'une cause étrangère. D'ailleurs, les remèdes employés dans le sens de cette opinion n'ont aucun succès; quelques-uns même ont nui plus ou moins aux souches. La preuve qui résulte de ce fait, forte par elle-même, corrobore de plus en plus toutes les autres. Cette opinion doit donc être rejetée; elle est fausse et contraire à l'expérience. Quant à l'opinion relative à l'exubérance de la sève, au trop grand embonpoint des souches, opinion qui n'a été adoptée que par quelques individus, on doit s'empresser de la rejeter. Tout le monde sait que les vignes ne sont nullement dans cet état; il suffit de les examiner un peu pour reconnaître que l'*Oïdium* ne vient pas de cette cause. La fausseté de cette opinion est si évidente, qu'il est inutile d'entrer à cet égard dans un plus long détail.

Les jeunes pousses, les feuilles et le raisin, sont attaqués par une cause étrangère.

D'autres savants ont prétendu que l'*Oïdium* est un animal d'une petitesse extrême, qui échappe à la vue, mais qu'à l'aide d'un microscope on découvre très-bien et que l'on reconnaît, qui se reproduit prodigieusement, se répand au loin et cause à la vigne de si déplorables ravages.

Admission de cette doctrine.

Cette opinion doit être admise et soutenue : elle est la seule vraie, juste et raisonnable; elle s'accorde avec tous les faits relatifs à l'état des vignes dans les divers pays et avec ceux qui concernent l'apparition de l'*Oïdium*. Les naturalistes, qui l'ont observé soigneusement et à plusieurs reprises, ont unanimement remarqué un animalcule, un *Oïdium* d'une espèce nouvelle. Ainsi, la moisissure ou la poudre grise, symptôme de la maladie, ne provient ni de la vigne, ni du terrain où elle est plantée, ni de la culture qu'on lui donne; mais elle lui vient d'un animal qui est d'une excessive petitesse, qui dévore cette plante, et cause les symptômes dont les observateurs ont été frappés. Comment cette œuvre de destruction s'accomplit-elle? C'est un mystère qu'il serait curieux de pénétrer; mais le point essentiel, le point fondamental ici, c'est de trouver le moyen de détruire le mal et d'en prévenir le retour. Sans doute, il y a des maladies incurables, des maladies que nul remède ne peut guérir, ou du moins des maladies dont on ne connaît pas le vrai remède. Or, la maladie de la vigne, quoiqu'il y ait divergence d'opinions sur sa nature et sur les remèdes efficaces à lui opposer, n'est point dans ce cas; elle ne porte nullement dans son sein rien qui puisse faire craindre ce triste sort. Une foule d'expériences ont démontré cette importante vérité. Il faut en convenir, dans certaines localités, des terrains dans lesquels des vignes ont été plantées s'épuisent à la longue, parce que leurs maîtres n'ont pas soin de bien les faire travailler, et spécialement d'y faire jeter les fumiers nécessaires; mais il n'en est pas de même de la plupart des vignobles, qui sont plus ou moins parfaitement entretenus sous tous les rapports. C'est un fait que les adversaires de cette opinion sont contraints d'avouer. Ils savent tous que les vignes ne sont point, en général, dans cet état. D'ailleurs, les remèdes employés d'après cette opinion ont réussi lorsqu'ils ont été convenablement appliqués. Ainsi, les savants qui ont conçu un tel système sont fondés; ils ont raison de le soutenir. Ce n'est point la vigne qui est malade par exubérance de sève ou par épuisement et faiblesse : c'est une cause étrangère qui attaque les jeunes pousses, les feuilles des vignes et les raisins.

Faits observés, universellement reconnus.

Plusieurs faits ont été observés et universellement reconnus; faits qui, dans cette matière, doivent servir de principes sur lesquels la bonne logique exige rigoureusement que l'on s'appuie, parce que ce sont des vérités incontestables, et que les conséquences qui en découlent naturellement doivent servir de base dans toutes les opérations qui s'y rapportent.

Le fléau a fui le Nord et il s'est dirigé vers le Midi. Les pays chauds ont été plus exposés à ses ravages que les pays froids. Durant l'hiver, excepté dans les serres chaudes, il n'a pas sévi. Pendant la belle saison, lorsque le temps a été orageux, pluvieux et froid, les ravages n'ont point paru, ou ils ont été suspendus, ou bien diminués sensiblement. La rigueur ou la douceur des saisons a régulièrement augmenté ou diminué, enfin modifié la violence du mal. En 1852, l'hiver ne fut pas rigoureux, le printemps fut beau et l'été chaud; les chaleurs commencèrent de bonne heure et elles furent fortes : l'*Oïdium* fit des ravages immenses; il s'étendit fort loin, il fut d'une violence effrayante. En 1853, l'hiver ne fut pas très-froid, le printemps fut tout-à-fait exceptionnel, il tomba presque partout des pluies abondantes et froides, le beau temps n'arriva que vers le commencement du mois de juillet, puis il fit très-chaud. Pendant le froid, l'*Oïdium* n'avait pas éclaté, mais avec le beau temps il continua sa marche de destruction; il reparut dans les contrées déjà désolées auparavant, où il exerça toute sa violence, puis il envahit hardiment d'autres contrées intactes jusqu'alors. Partout les ravages furent subits et déplorables. En 1854, l'hiver fut très-froid; plusieurs arbustes périrent; beaucoup de souches, particulièrement celles qui avaient souffert de l'*Oïdium*, furent gelées; le printemps fut pluvieux et froid. Au beau temps, le fléau sévit moins, quantité de souches étaient mortes; il n'y eut que très-peu de raisins, presque pas de vin. Le mal ne s'est déclaré que dans les pays chauds; dans les autres contrées on commençait à respirer: il semblait qu'on était enfin délivré du terrible fléau. En 1855, l'hiver fut ordinaire; le printemps pluvieux et froid; l'été très-chaud par intervalles. L'*Oïdium* n'a paru que dans quelques points isolés, ensuite il a fait des progrès. Cette récolte en vin, qui s'annonçait si brillante, diminua insensiblement; les raisins se fondirent, et si quelques propriétaires eurent une récolte satisfaisante, le plus grand nombre n'eut rien ou n'eut qu'une récolte assez médiocre. Par suite, les vins, même cette année, sont à des prix très-élevés. En 1856, le printemps a contrarié l'*Oïdium;* mais, depuis l'été, il éclate partout.

Les endroits humides, à l'abri des vents, près des murs ou des arbres, ont été spécialement atteints. Les endroits secs, exposés aux vents, loin des cours d'eau, sur les côteaux, etc., ont été plus ou moins épargnés.

Conséquences de ces principes.

Il résulte de ces faits, que le froid est nuisible à l'*Oïdium*, qu'il suspend sa marche, mais qu'il ne le tue pas, puisqu'il reparaît même après un rigoureux hiver; que les vents qui peuvent l'apporter l'emportent aussi; que les fortes pluies le font tomber, du moins en partie, ou arrêtent son développement, etc. Ces principes sont positifs, incontestables. Tout observateur de bonne foi doit le reconnaître, et les conséquences qui en sont tirées sont naturelles, rigoureuses, conformes à la saine logique.

Remèdes proposés et essayés.

Plusieurs remèdes ont été proposés et essayés. On a obtenu quelques succès. On n'est pas d'abord parvenu à un résultat satisfaisant; mais enfin on a réussi à trouver des remèdes efficaces pour prévenir ou pour détruire la maladie de la vigne.

Parmi les moyens inventés ou découverts pour la guérison, ou pour la prévention de ce mal, les uns ne sont d'aucune propriété, il y en a même qui sont de nature à nuire à la vigne; les autres ont bien une certaine aptitude, mais cette aptitude est insuffisante; d'antres, cependant, sont propres à détruire ou bien à prévenir le fléau.

Mauvais remèdes.

Remèdes insuffisants.

Un Italien, nommé M. Guida, pensant que la vigne était trop puissante, que son embonpoint la faisait dépérir, se mit à pratiquer une forte incision à chaque souche malade. Il ne tarda pas à s'apercevoir qu'il était dans une erreur fort grave, et il renonça vite à son fatal remède : ses belles souches, loin de guérir, se flétrissaient et mouraient. Ce mode de guérison fit beaucoup de bruit; de nombreux partisans ne manquèrent pas de l'adopter, mais ils se hâtèrent d'abandonner un genre de médicament dont ils reconnurent bientôt la funeste efficacité.

D'autres ont imaginé l'ablation des jeunes pousses, l'ébarbement des racines, la taille prématurée, retardée ou négligée, le provignement, le couchage, etc.

Aucun de ces remèdes n'est bon. L'ablation des jeunes pousses a quelques rapports avec la forte incision à la base des ceps. Il est évident que cet enlèvement doit nuire à la vigne, et qu'il ne garantit pas le reste de la souche, qui demeure toujours exposé aux ravages du fléau. Tant qu'il reste un peu de vigne, il y a une pâture suffisante à l'animalcule.

L'ébarbement des racines délivre la souche de la surabondance du bois, mais il ne détruit pas la maladie appelée *Oïdium*. L'*Oïdium* n'est point aux racines. Nulle part on n'a vu que les racines fussent atteintes. La fatale poudre vient du dehors; elle couvre les jeunes pousses, les feuilles et les raisins. Des expériences faites aux racines ont montré qu'elles n'étaient point attaquées, lorsque néanmoins la souche l'était, même fortement.

La taille, qu'elle soit faite avant ou après l'époque ordinaire, ou qu'elle soit négligée, n'a aucune influence sur l'*Oïdium*. Ce moyen n'ajoute rien, ne retranche pas suffisamment pour prévenir ou pour détruire le fléau. La souche, ainsi traitée, est toujours exposée aux ravages de la maladie. Ce remède, souvent employé, n'a jamais eu le résultat désiré : c'est donc un médicament d'une complète nullité.

Le provignement peut bien garantir un peu les souches. On a observé que les sarments ainsi plantés dans la terre étaient plus épargnés; mais ce moyen est insuffisant, parce qu'il est impossible de l'employer pour tous les sarments; et d'ailleurs, dans les grands ravages, tout est emporté. On lit dans un journal de Bordeaux, août 1853 : « Nous con-« tinuerons de faire remarquer que l'*Oïdium* attaque plus « ou moins indistinctement tous les cépages, sans distinc-« tion de terrain, d'exposition ou de culture ; de telle sorte « que, par suite des bizarreries de sa marche ou de ses « attaques, il est entièrement impossible de conclure de « l'observation d'un fait isolé ce qui doit se passer sur des « pieds placés dans les mêmes conditions d'âge, d'espèce, « de sol, de culture, etc. » Ainsi, le provignement n'est pas de nature à garantir la vigne, surtout lorsque l'*Oïdium* sévit avec une certaine violence. D'ailleurs, la pratique de ce moyen finirait par affaiblir et par détruire les souches. Ce moyen, employé par des propriétaires pour renouveler leurs vignobles, a toujours eu, à la longue, un fâcheux résultat ; il vaut cent fois mieux recourir à des plants nouveaux. Donc, ce moyen, insuffisant pour renouveler la vigne, est encore insuffisant pour la conserver.

Il en est de même du couchage : il présente à-peu-près les mêmes avantages, mais aussi il est sujet aux mêmes inconvénients. Evidemment ce moyen est très-insuffisant pour détruire ou pour prévenir l'*Oïdium*. On ne peut pas coucher tous les sarments, et le reste de la souche est toujours exposé aux ravages de la maladie.

Les engrais seraient d'une efficacité incontestable, s'ils étaient composés assez abondamment de matières renfermant des acides propres à produire l'effet désiré. Ces acides, pénétrant dans la plante, dans les pousses, les feuilles et les raisins, rebuteraient ou tueraient l'animalcule ; mais ces acides se mêlent avec trop d'autres matières et perdent une grande partie de leur force. Si l'on pouvait jeter les fumiers sur les plantes malades, ce serait bon ; mais les enfouir dans la terre attendant qu'ils produiront l'effet qu'on a en vue, c'est trop présumer ; les acides ne se conserveraient pas en quantité et en qualité suffisantes pour rebuter ou pour tuer l'*Oïdium* : il y a toujours déperdition. Ces acides s'évaporent, ils sont neutralisés, affaiblis ; il faut quelque chose de plus actif, de plus direct, quelque chose qui attaque immédiatement et tue l'animalcule. D'ailleurs, ce serait très-coûteux de jeter des engrais, dans l'espoir de rebuter ou de tuer l'*Oïdium* : il faudrait le faire tous les ans et dans toute l'étendue des vignes. Les engrais sont tous plus ou moins chers, la dépense serait énorme; tandis que, lorsque la maladie se déclare, on n'a qu'à profiter de l'une des matières reconnues bonnes, et alors la dépense n'est pas grande et le succès est certain.

Les plantes à odeurs fortes, comme romarin, sauge, lavande, thym, serpolet, rue, laurier, oranger, les arbres résineux, placés dans le voisinage des vignes, n'auraient sur elles qu'un effet insuffisant; non plus que les usines à gaz, les fabriques d'acide pyroligneux, les fabriques de caoutchouc, etc. Il faut quelque chose de plus rapproché, de plus direct, quelque chose qui atteigne réellement et efficacement l'animacule. Ces divers objets ne se trouvent que dans certaines localités : leur emploi serait très-difficile.

Il ne suffit pas non plus de répandre près des vignes des huiles provenant de la distillation de la houille, des schistes, de la tourbe, du bois, du pétrole. Ces divers objets, disposés ainsi, ne produiraient pas l'effet désiré. L'arsenic lui-même, le chlore, l'acide azotique, etc., les poisons les plus violents, s'ils étaient placés de cette manière, ne sauraient être d'aucun effet. Il faut que tous ces objets arrivent plus près, qu'ils touchent suffisamment, et que l'animalcule soit atteint. Ce genre de médicament ne se trouve point partout; il serait d'un usage entièrement difficile et d'une propriété fort insuffisante.

On a essayé de faire voler la fatale poussière avec de forts soufflets. Ce moyen n'a pas réussi; quelques parties de cette matière étaient emportées, mais la masse a toujours résisté aux plus grands efforts. On a pensé que le frottement simultané finirait par enlever toute la poudre grise; le frottement a été utile à l'opération; quelques autres parties ont volé, mais une masse plus que suffisante est constamment restée attachée à la plante malade. Le fléau n'a point disparu, il a continué ses ravages avec la même violence. C'est donc encore un remède insuffisant.

Bons remèdes. Manière de les appliquer.

Le moyen le plus simple, le plus commun, le plus général et l'un des plus efficaces, c'est l'eau seule, chaude ou froide.

Une foule d'expériences prouve l'efficacité de l'eau pour détruire l'*Oïdium*.

A l'apparition du fléau, il advint au fils de M. Tucker de jeter une certaine quantité d'eau chaude sur une souche malade, ce qui fut pour son père la cause d'une vive peine; il crut que cette souche était perdue, que cette eau l'aurait brûlée ou notablement endommagée. Quel fut son étonnement de voir plus tard que cette plante, objet d'un si profond regret, était très-bien conservée, et qu'elle porta plusieurs beaux raisins! Ce fait a été recueilli et publié; c'est assurément une vérité, et c'est aussi très-évidemment une preuve certaine de l'efficacité de l'eau chaude pour détruire l'*Oïdium*.

M. Mène, de Vaugirard, près de Paris, a guéri avec l'eau chaude les vignes qui, dans ses serres, ont été attaquées par cette maladie. Il employait l'eau chaude de 30 à 33 degrés centigrade. Voilà une nouvelle preuve qui confirme la première.

On lit dans un journal de Verceil, en Piémont : « Le « comte Constantini s'est servi de l'eau de la mer, et il a « réussi à guérir ses vignes de l'*Oïdium*. Il lavait plusieurs « fois ses souches envahies par le fléau. » Ce fait prouve la propriété de l'eau à produire l'effet désiré, et, de plus, l'efficacité des autres matières dont l'eau de la mer est composée. Ainsi, les propriétaires qui sont à portée de quelque mer peuvent aisément trouver leur remède, et ceux qui sont trop éloignés des mers ont la faculté de se servir de l'eau douce, en y joignant les autres matières constitutives de cette eau, matières que les pharmaciens et les droguistes sont à même de leur vendre.

L'auteur de cet essai avait remarqué que les fortes pluies font tomber, du moins en partie, les brouillards, les toiles de chenilles et de divers autres insectes. Il avait remarqué aussi que l'*Oïdium* ne sévit point, ou bien qu'il sévit avec moins de violence, quand le temps est frais, qu'il tombe de fortes pluies froides. Il s'était dit à lui-même : « Il faut « que le froid soit contraire à l'*Oïdium*; il faut que l'eau, « assez abondante, le fasse tomber. » Depuis long-temps il visitait régulièrement toutes ses vignes; il n'avait encore rien découvert. Il redoublait de vigilance à mesure que le beau temps était arrivé; il pensait que la maladie ne tarderait pas à se montrer. Un jour, il vit une souche magnifique couverte de la fatale poudre; il prit une grappe de raisin, il l'appliqua à son microscope, et découvrit parfaitement bien l'*Oïdium*, tel qu'il a été décrit par les savants naturalistes qui en ont donné une exacte définition. Il jeta de l'eau sur cette grappe et la remit au microscope; le mal n'était pas détruit, l'*Oïdium* apparaissait encore. Il lava fortement la grappe, en la frottant fortement avec ses doigts, sans néanmoins endommager le raisin, il vit que la poussière était tombée. Il replaça la grappe sur le microscope, et il reconnut que l'*Oïdium* avait entièrement disparu. Enchanté de sa découverte, il renouvela plusieurs fois son expérience, et le résultat fut constamment le même.

Il paraît que l'eau chaude est plus efficace. Jetée abondamment et avec force sur la plante malade, elle fait tomber la fatale poudre. Ainsi on doit appliquer ce remède toutes les fois qu'on le peut. Cette application serait plus difficile dans les vignobles. Il est bien clair que pour faire chauffer la quantité d'eau nécessaire à cet objet, pour la transporter au loin et conserver suffisamment la chaleur requise, il y aurait beaucoup d'embarras, mais il n'y aurait pas impossibilité : on pourrait se servir de grands cuviers, qu'on transporterait avec des charrettes et qu'on ferait chauffer sur place.

Quand on se sert de l'eau froide, il faut en employer une grande quantité, la faire tomber en abondance et avec force, en frottant bien en même temps la plante ou la partie de la plante que l'on soigne, autrement l'on n'obtient point le résultat demandé. Les grandes pluies, les orages diminuent le mal, mais ils ne le font pas disparaître tout-à-fait. L'intérieur des souches, surtout les raisins, sont généralement à l'abri des vents et des pluies : c'est ce qui explique la conservation du fléau malgré les rigueurs des saisons. Mais si l'on a soin, quand on verse l'eau avec abondance et avec force, de frotter aussi fortement que possible, avec la main, ou avec un petit balai, ou un pinceau, ou tout autre objet propre à produire le même effet, sans nuire à la vigne, parce que le remède serait alors pire que le mal, on fera disparaître la fatale poussière. Sans cette précaution, on laisse des parties de matières qui restent sur la souche : c'est une semence qui porte un levain qui fermente, et le mal n'est pas détruit. Tant qu'il reste quelques parties de la poudre grise on doit être sûr que l'on n'apas fait une opération complète. Il faut bien secouer et laver toute la souche, les sarments, les feuilles et les raisins; bien frotter en même temps le raisin, la queue, les grappes, introduire les doigts surtout dans la grappe : c'est là qu'est principalement la funeste poussière. Si le raisin est ainsi lavé et frotté de manière qu'on ne voie plus de poudre, on peut être sûr que le mal est emporté, et que s'il n'arrive pas d'autre accident, si la maladie ne revient pas d'ailleurs, ce qui n'est pas impossible tant que le fléau règne, on a obtenu la guérison désirée. Si le mal reparaît, on doit recourir à la même opération jusqu'à ce qu'il ne se montre plus.

Le soufre en fleur, jeté sur la plante malade, avec un soufflet Gonthier ou tout autre instrument propre au même effet, ou avec la main si l'on n'a pas autre chose, de manière à la couvrir entièrement, tue l'animalcule. Pour empêcher que le vent n'emporte le soufre en poudre, on n'a qu'à mouiller la souche avant l'opération ou bien qu'à profiter de la rosée s'il y en a. Le soufre mêlé avec l'eau est un excellent remède; il conserve sa propriété, il en acquiert une autre, et il atteint l'animal, qui ne peut résister à la force de l'acide formé par le mélange de ces matières, et qui est bientôt étouffé. L'expérience prouve l'efficacité de ce remède. S'il n'a pas toujours réussi, ni assez complètement, c'est parce que partout il n'a pas été assez bien appliqué, et qu'il ne l'a été que par un petit nombre d'individus. La méthode indiquée par la Société d'Horticulture de Paris est excellente; on n'a qu'une objection à opposer à ce système : c'est que, fort heureusement, dans cette circonstance, le soufre n'est pas le seul antidote contre l'*Oïdium*: il y a en réalité une foule de moyens reconnus aptes à produire le même effet. Les détails qui précèdent, et ceux qui suivent, montreront, sans nul doute, cette consolante vérité. Voici cette méthode fidèlement reproduite : « La « fleur de soufre en poudre, aussi sèche que possible, doit « être projetée sur les vignes malades, préalablement « mouillées, ou, ce qui est bien préférable, pendant la « rosée; car par là on évite la main-d'œuvre du mouillage « et du transport de l'eau, qui pourrait parfois être fort « coûteuse. L'opération se fait à la main, au moyen d'un « soufflet Gontier ou tout autre équivalent. Il faut que le « soleil visite dans la journée les plantes médicamentées:

« sans quoi point d'effet. Après la floraison, et quand le « grain est formé, même une troisième fois si le mal per- « siste, 10 kil. pour 1 hectare, une journée d'homme. Le « soufre agit par ses vapeurs ou sa sublimation. » On se sert enfin du soufre, en le faisant brûler sous les souches; la fumée qui s'élève asphixie bientôt l'animal qui en est atteint. Ces opérations doivent être faites le soir, vers ou après le coucher du soleil, ou le matin avant le lever de cet astre; autrement il serait possible qu'on nuisît à la vigne, si un soleil brûlant venait ensuite darder ses rayons sur les ceps ainsi médicamentés. Si le ciel était couvert de nuages on n'aurait pas besoin de prendre cette précaution : une trop grande chaleur ne serait point à craindre. On voit les jardiniers arroser ainsi et faire prospérer les plantes qui sont l'objet de leur sollicitude.

La potasse, la chaux, le plâtre, la soude, le vitriol, le vinaigre, en général tous les acides, sont des remèdes efficaces contre l'*Oïdium*. Par le mélange de la potasse, de la chaux, du plâtre, de la soude avec l'eau, on forme de l'acide carbonique propre à étouffer les animaux qui en sont atteints. Par le mélange du vitriol et de l'eau, on obtient de l'acide d'ammoniaque qui produit un effet pour le moins aussi destructeur. Le vinaigre et les autres acides ont aussi la propriété d'asphixier les animalcules. La potasse, la chaux, le plâtre et la soude, sont employés en poudre, comme le soufre, ou bien mêlés avec l'eau. La chaux réduite en poussière par l'air perd beaucoup de force; il vaut mieux la mêler avec l'eau. Le vitriol doit être dissous dans l'eau. Le vinaigre est versé pur, ou mêlé avec l'eau. Il en est de même des autres acides liquides. Il ne faut point que la liqueur soit trop claire, ni trop épaisse, à-peu-près comme lorsqu'on chaule ou que l'on vitriole les blés, ou mieux un peu plus épaisse, pourvu qu'elle coule assez et qu'elle puisse être commodément jetée sur les souches. Qu'on saupoudre ou que l'on asperge, il convient de faire l'opération le soir, vers ou après le coucher du soleil, ou le matin avant que cet astre ne paraisse à l'horizon. Les inconvénients signalés plus haut sont ici à redouter.

D'autres acides, comme l'acide arsénieux ou asténique, l'acide azotique, etc., seraient plus destructeurs de l'*Oïdium*: leur violence est telle, que rien ne peut leur résister; les animaux les plus capables de résistance y succomberaient infailliblement. Ainsi, ce sont des remèdes dont l'efficacité n'est point douteuse; mais on ne doit point recourir à eux, ils ne sont point absolument nécessaires, et, d'un autre côté, ils seraient cause de trop graves inconvénients.

Les huiles volatiles méritent ici un rang distingué : elles sont composées de matières éminemment propres à produire l'effet désiré. La chimie enseigne que les unes sont formées de carbone et d'hydrogène; que les autres contiennent de l'oxigène, et que d'autres renferment du soufre. Assurément, par le mélange de ces matières avec l'eau, on forme des acides carbonique, sulfurique, tous deux très-propres à tuer l'*Oïdium*. Ces huiles, étant des essences servant à d'autres usages, sont, il est vrai, extrêmement chères; mais comme elles sont d'une incontestable efficacité à cause de leur force et même de leur violence, il est juste de faire observer qu'il n'en faudrait qu'une très-faible quantité : ce qui diminuerait sensiblement la dépense et les rendrait applicables à la destruction de l'*Oïdium*. Il serait possible de verser les huiles volatiles sur la plante malade : comme ce sont des liquides, ce moyen réussirait; mais il est mieux de les mêler avec de l'eau, c'est suffisant. Une observation très-importante à faire ici, c'est que les essences s'évaporent très-facilement, et que, par conséquent, si l'on veut réussir, on ne doit pas trop aérer ces substances : elles perdent leur force par l'évaporation.

La moutarde est un remède très-efficace contre l'*Oïdium*. Formée de matières âcres, elle rebute ou fait mourir l'animalcule. On la répand en poudre, comme le soufre, le plâtre, etc., ou bien on la mélange avec l'eau et l'on arrose de ce liquide les vignes malades, ainsi qu'on le fait avec la chaux ou avec le vitriol. Un pharmacien de Lyon, M. Visu, a expérimenté avec succès cette espèce de médicament. Il paraît que c'est un homme distingué, très-capable, qui a fait plusieurs fois son expérience et qui a toujours complètement réussi. Un tel succès confirme la théorie qui est exposée ici. Voici sa méthode : « Délayez « la moutarde dans l'eau, remuez de temps en temps pen- « dant un quart-d'heure, laissez reposer le liquide pendant « cinq à dix minutes, transvasez-le, en ayant soin de ne « pas agiter le dépôt formé au fond du vase. Arrosez après

« le coucher du soleil. — Moutarde en poudre, 500 gram.; « eau froide, 20 à 25 litres. »

Les substances résineuses étant composées d'une huile volatile et d'une résine acide, ou d'une huile et d'une résine neutre, le vapeur de goudron, la thérébentine, qui est un mélange d'une résine acide avec une huile essentielle, ont assurément la même efficacité. La Société Linnéenne de Bordeaux a plusieurs fois recommandé l'eau de goudron. Toutes ces substances sont encore chères, et elles ne se fabriquent que dans certaines localités; mais une forte quantité ne serait pas non plus nécessaire. Il faudrait les verser pures sur les souches malades, ou bien les mêler avec de l'eau, bien remuer, et immédiatement les jeter sur les vignes pour prévenir l'évaporation. Faute de prendre ce soin, on s'expose à faire perdre au remède toute sa force et à rendre l'opération nulle.

Les huiles en général, les graisses, sont aussi de bons remèdes contre l'*Oïdium*. Elles sont formées de matières propres à produire cet effet. On n'a qu'à bien en frotter les souches malades : la poudre grise tombe, et le sujet affligé de la maladie reprend sa force et sa fraîcheur.

Le savon est un excellent remède contre l'*Oïdium*. Les savons sont formés de potasse, de soude et d'ammoniaque, toutes matières mortelles pour les animaux microscopiques. Les savons riches en résine sont d'un plus grand effet. Il y a, dans ces cas, un mélange de matières qui augmente beaucoup la force du médicament. Le savon coûte un peu cher, mais une grande quantité ne serait point nécessaire : un morceau un peu gros suffirait pour une comporte d'eau. Il convient que la liqueur soit épaisse comme l'eau de chaux ou l'eau de vitriol. Ainsi, on n'a qu'à faire dissoudre un morceau de savon dans une certaine quantité d'eau et fortement asperger chaque souche malade.

Les mélanges capables d'exhaler de l'hydrosulfate d'ammoniaque, tout objet propre à donner de la fumée, est un excellent remède contre l'*Oïdium* : il en résulte des acides carbonique et d'hydrosulfate d'ammoniaque qui tuent les animaux les plus vigoureux. La liqueur funeste de Bayle serait très-utile : elle est fétide, elle répand à l'air des fumées blanches, principalement formée d'hydrosulfate d'ammoniaque, renferme beaucoup d'azote. Ce remède se vend très-cher, on ne le trouve que dans les grands centres de populations; il n'y a que des savants qui puissent et doivent s'en servir; les gens qui n'ont pas une instruction suffisante font bien d'y renoncer. Heureusement, il y a d'autres remèdes d'une efficacité réelle, ou du moins suffisante, et que le dernier des paysans a la faculté d'employer sans courir le moindre danger. Les plantes à odeurs fortes, comme romarin, sauge, etc., et les arbres résineux doivent être préférés: ils ont une force particulière capable d'augmenter l'effet et d'assurer le succès. Comme ces divers objets ne se trouvent pas dans toutes les localités, qu'on ne les voit que dans certaines contrées, on peut très-bien recourir à quoi que ce soit, pourvu qu'il donne de la fumée. C'est de la fumée qu'il faut avoir, et quelle qu'elle soit elle suffit; seulement elle doit être assez abondante.

M. Gilbert Brun, de Marseille, a donné une recette à sa manière, et il affirme avoir obtenu un succès complet : « Prendre, » dit-il, « 1 kilogramme de goudron minéral, « 1 kilogramme de chaux éteinte à l'air et réduite en pou- « dre, 200 grammes de fleurs de soufre. Faire bouillir « le tout dans deux litres d'eau, laisser reposer un moment, « et recueillir la partie liquide. On fait bouillir de nouveau « le résidu, en ajoutant de l'eau, et l'on obtient encore du « liquide. Cette substance étant refroidie, on la lance avec « force sur la plante atteinte de la maladie, au moyen « d'un gros pinceau de crin. »

Cette recette est excellente : elle est formée de matières toutes contraires à l'*Oïdium;* chacune d'elles, employée séparément, tuerait l'animalcule: à plus forte raison le tout, résultant du mélange indiqué. On ne saurait assez recommander l'usage de ce médicament.

M. Majoli, de Florence, a inventé un remède fort compliqué, dont les résultats ont été très-satisfaisants. Cette recette n'a pas été beaucoup suivie, sans doute à cause de sa complication trop grande et des graves difficultés de sa préparation. C'est néanmoins un bon mélange de matières, toutes réellement opposées à l'*Oïdium* : « Prenez, » dit-il, « 90 livres de cendres communes, 30 livres de chaux vive « éteinte avec de l'eau; recouvrez-les avec les cendres

« après la fermentation; entassez dans une cuve percée « au fond 100 litres d'eau, qu'on distille dans un récipient, à 13 degrés de chaleur; pour 4 litres d'eau une « livre de graisse blanche, une demi-once de tabac, une « once de soufre. Il faut faire bouillir le tout pendant « six heures. Ajoutez 100 livres d'eau sur 5 livres de cette « lessive, et aspergez-en vos souches. »

En examinant un peu ce système, on reconnaît sans peine que c'est le travail d'un savant, d'un esprit sérieux et profond. La seule objection qu'il paraît raisonnable de lui opposer, c'est qu'il n'y a que des gens fort instruits qui soient en état de le comprendre et de l'adopter. Heureusement ce système peut être simplifié : on n'a qu'à employer à part toutes ces matières, on est sûr de réussir, pourvu qu'on ait soin de saupoudrer ou d'asperger convenablement, etc., etc.

Tous ces objets sont de nature à tuer l'animalcule, à faire disparaître la fatale poussière qui afflige nos treilles et nos vignobles, et qui, depuis si peu de temps, porte au loin la désolation et le désespoir.

Ainsi, lorsque la maladie se déclare, c'est-à-dire qu'on voit la poudre grise couvrir les jeunes pousses, les feuilles et les raisins, il est urgent de recourir à l'un des remèdes indiqués, surtout à l'eau : c'est l'élément le plus général, le plus à la portée de chaque propriétaire. La fumée s'obtient aussi au moyen d'objets fort communs et de peu valeur. Par bonheur, dans cette circonstance, les médicaments abondent, chacun a la faculté de se les procurer, et même à fort bon marché.

Sans doute la connaissance des remèdes est très-importante, mais la manière de les employer ne l'est pas moins. Bien appliqués, ils produisent l'effet désiré; mais mal appliqués, ils ne font aucun bien, et quelquefois même ils causent du mal. Des gens qui avaient suivi tous les procédés se sont plaints et ils se plaignent encore de n'avoir réussi en rien; ils prétendent qu'il n'y a point de remède efficace : conséquemment ils ne veulent plus rien tenter. Il importe d'examiner ce point d'une manière toute spéciale, parce que c'est un point fort essentiel. Des remèdes éprouvés, reconnus bons par ceux qui les ont trouvés, confirmés par des succès réels et nombreux, n'ont produit aucun résultat satisfaisant : il faut que ces remèdes n'aient pas été employés comme ils devaient l'être, ou bien on s'en est servi dans un temps où ce n'était pas nécessaire, ou bien ils ont été incomplètement appliqués; quelque condition a manqué à l'opération. Dans l'hiver, lorsqu'il fait froid, que les vignes ne présentent aucun symptôme de la maladie, saupoudrez vos souches de soufre ou aspergez-les avec de l'eau de chaux, ou de vitriol, etc., ou formez une épaisse fumée au-dessous d'elles, assurément vous n'obtiendrez rien; vous aurez perdu vos écus et vos peines, et l'*Oïdium* reparaîtra quand les saisons favoriseront son développement. L'*Oïdium*, par sa nature, est à l'abri du froid, il est aussi à l'abri de vos médicaments. Si, lorsque vous saupoudrez ou que vous arrosez, ou que vous enfumez, vous ne le faites pas de manière que la poudre grise vole ou tombe, le mal ou des semences de mal restent toujours, et la guérison n'est pas complète; le fléau, comme un feu mal éteint, se ranime, se fortifie, et continue ses ravages. Ainsi, on ne doit employer que de bons remèdes; les mauvais et les insuffisants nuiraient ou bien ils n'auraient pas le résultat désiré. On doit employer ces remèdes dans le temps le plus opportun. Enfin, on doit bien les appliquer, c'est-à-dire remplir toutes les conditions exigées par les circonstances; alors seulement on a le droit d'espérer que l'opération aura été convenable.

Conduite à tenir à cet égard.

Quelle conduite est-il sage de tenir à cet égard? Il convient de visiter souvent ses souches, treilles, vignes, vignobles, et de bien regarder si la funeste poussière ne se montre pas. A l'œil nu, on la découvre, on la reconnaît. Pour peu que l'on soit fait à cet exercice, on ne se méprend pas; les paysans eux-mêmes les plus illettrés, s'ils sont un peu intelligents, une fois qu'ils ont remarqué la poudre grise, la distinguent parfaitement des autres matières, ils ne se trompent nullement. Si l'on veut, pour mieux s'assurer de la triste vérité de la présence de l'*Oïdium*, on peut recourir au microscope, et, par cette expérience, se convaincre de la réalité de ce qui est l'objet de si vives appréhensions. Tant que l'on ne reconnaît rien, on n'a qu'à demeurer tranquille. Mais aussitôt que l'on sait que l'ennemi est là, il faut se hâter d'employer, avec la plus grande exactitude, l'un des remèdes dont l'efficacité est incontestable. Si l'on réussit tant mieux, tout est finit pour le moment. Si l'on ne réussit pas immédiatement, c'est une preuve que l'opération n'a pas été faite d'une manière convenable, qu'il est nécessaire de revenir à la charge et de tâcher de mieux réussir, en ne négligeant absolument rien de ce qui est prescrit pour que l'opération ne manque en aucun point, pour qu'elle soit parfaite et qu'elle guérisse radicalement la plante atteinte du mal. Pendant l'hiver, lorsqu'il fait froid, dans la belle saison, même toutes les fois qu'il tombe des orages, de fortes pluies froides, on n'a point à craindre le retour de la maladie. Mais quand le beau temps est près d'arriver, quand les saisons sont belles, surtout qu'il fait chaud, comme c'est alors l'époque la plus propice au développement de la maladie, c'est alors qu'il est indispensable de redoubler de vigilance, de visiter ou de faire visiter toutes ses vignes ; c'est le temps le plus favorable à l'*Oïdium* ; c'est celui où il se développe d'une manière prodigieuse, s'il n'est retardé, contrarié ou arrêté dans sa marche de désolation. Si, immédiatement après la découverte de l'existence de la maladie, on soigne bien les souches envahies, la poudre vole ou tombe facilement et elle ne reparaît plus ; la vigne conserve sa force et sa fraîcheur, et continue son développement ; encore ses parties ne sont point endommagées, altérées, détruites. Si l'on n'a point cette précaution, si on laisse le mal s'aggraver, les fibres de la plante malade se détériorent rapidement, et dans quelques jours le mal a fait de si grands progrès qu'il est extrêmement difficile, souvent impossible, d'y porter un remède salutaire. Si néanmoins on a eu le malheur de ne point soigner quelques souches, il ne convient point de les abandonner à la fureur du fléau ; il est toujours bon de conserver le plus qu'il est possible, feuilles, raisins, sarments, vignes, etc. Tous les efforts sont ici absolument nécessaires. Que ceux qui sont plus intelligents dirigent ceux qui le sont moins ou qui ne le sont pas. Que les maîtres, après avoir bien étudié la maladie et la manière convenable de la traiter, dirigent leurs domestiques, leurs ouvriers ou d'autres personnes qui doivent les seconder. Que tout se fasse à propos et comme il faut, eu égard à toutes les circonstances, même les plus minutieuses. Que rien de nécessaire ne soit négligé, que rien d'utile ne soit oublié ; que du parfait concours de toutes les circonstances résulte une opération complète sous tous les rapports, parfaite. Que le succès tant désiré soit obtenu, et qu'enfin le fatal *Oïdium* disparaisse du monde.

Résumé

En résumé, la maladie de la vigne, connue sous le nom d'*Oïdium*, remarquée pour la première fois, en Angleterre, par un jardinier nommé Tucker, s'est répandue en Belgique, en France, en Allemagne, en Espagne, en Italie, en Grèce, en Afrique et en Asie, portant la ruine et le désespoir dans toutes les contrées qu'elle a envahies. L'alarme a été générale. A la vue de si graves dangers, d'un spectacle aussi déchirant, les esprits se sont émus : on a voulu connaître la nature du fléau et les remèdes à lui opposer. Une foule d'opinions se sont manifestées sur le mal lui-même et par conséquent sur les médicaments propres à la prévenir ou bien à la détruire. Les uns ont dit que c'était un fléau du Ciel, comme le *Choléra;* les autres, que c'étaient les chemins de fer, les vapeurs des locomotives, qui apportaient la maladie ; d'autres, que c'était un brouillard ordinaire ; ici, on a crié que la vigne était malade par exubérance de sève ou par épuisement, faiblesse ; là, on a soutenu que c'était le raisin. — Cependant rien ne prouve que l'*Oïdium* soit un fléau du Ciel, rien ne prouve qu'il soit comme le *Choléra :* il n'y a aucun rapport entre ces deux maladies. Sans doute la Providence préside à tout ce qui se passe ici-bas ; mais rien n'annonce que la colère du Ciel éclate par cette maladie. C'est agir très-mal que de ne rien faire dans cette circonstance. La maxime *: Aide-toi, et le Ciel t'aidera*, s'applique ici d'une manière toute spéciale. Les vapeurs des locomotives n'apportent point l'*Oïdium :* ces vapeurs, par leur nature, seraient plutôt un moyen contraire à cette maladie ; et d'ailleurs, en fait, des contrées où il n'y a pas de chemin de fer ont été ravagées par ce fléau ; tandis que d'autres où il y en a ont été épargnées. L'*Oïdium* n'est pas un brouillard ordinaire *:* il y a une grande différence à établir entre ces deux affections ; leur nature et leurs effets présentent de notables dissimilitudes : l'un est ordinaire, et il cause bien quelque mal ; mais l'autre est tout-à-fait extraordinaire, c'est une peste qui apporte avec elle les plus épouvantables ravages. Les perturbations dans l'atmosphère ne causent point l'*Oïdium;*

elles ne sont pas nouvelles, et ce fléau est tout récent. Ce n'est point l'épuisement de la vigne, ni celui du terrain où elle est plantée, ni la culture qu'on lui donne, ni le trop grand embonpoint des souches, etc., qui lui ont attiré cette affection; mais ce mal lui vient d'une cause étrangère. De nombreuses et de sérieuses expériences ont démontré toute la vérité de ces assertions. On a reconnu que le bois est intact, et que les jeunes pousses, les feuilles et les raisins, sont attaqués par un animal d'une excessive petitesse. On a reconnu encore que les remèdes appliqués par les partisans de la première opinion n'ont point guéri la maladie; tandis que ceux des autres ont eu des succès incontestables. Les médicaments efficaces n'ont été appliqués que par quelques individus, et, parmi ces derniers, beaucoup les ont mal appliqués, soit qu'ils n'aient pas choisi le temps convenable, soit que leurs opérations aient été plus ou moins incomplètes. La grande masse des propriétaires n'a fait absolument rien. Le doute s'est répandu partout; partout le découragement et l'inaction. Il faut étudier la matière, et alors la vérité brillera, le doute se dissipera, la confiance succèdera au découragement et l'ardeur remplacera l'inaction.

Le fléau a fui le Nord et gagné le Midi. Durant l'hiver, excepté dans les serres-chaudes et les pays chauds, il n'a pas sévi; pendant la belle saison, les orages, les pluies abondantes et froides ont diminué ou suspendu la violence du mal. En 1852, les saisons lui furent favorables: aussi les ravages furent immenses. En 1853, les saisons ne lui furent pas si propices; elles le furent pourtant jusqu'à un certain point : les ravages furent moindres, mais ils ne furent que trop grands. En 1854, l'hiver fut dangereux pour l'*Oïdium;* les autres saisons ne le favorisèrent pas beaucoup : il y eut peu de ravages, mais le mal n'était pas détruit. En 1855, les saisons ne furent pas très-favorables à l'*Oïdium;* il y eut cependant de beaux jours qui secondèrent son développement; il reprit dans plusieurs contrées et il causa du mal. En 1856, l'hiver a été doux, il n'a pas été contraire à l'*Oïdium;* le printemps, pluvieux et froid, a retardé son développement et les beaux jours de l'été le secondent : aussi des plaintes s'élèvent de toutes parts, et si l'état de l'atmosphère ne change pas, de grands malheurs sont à redouter. Non, le fléau dévastateur n'est pas entièrement expulsé de nos climats. Les endroits humides, à l'abri des vents, près des murs et des arbres, ont été particulièrement atteints; les lieux secs, exposés aux vents, loin des cours d'eau, sur les côteaux, etc., ont été plus ou moins épargnés. Il résulte de ces faits, que le froid nuit à l'*Oïdium*, mais qu'il ne le détruit pas entièrement: il reparaît même après un hiver rigoureux; que les vents qui peuvent l'apporter l'emportent aussi; que les fortes pluies le font tomber en partie, mais non tout-à-fait. Plusieurs remèdes ont été inventés ou découverts; on a obtenu quelques succès. On n'est point d'abord parvenu à un résultat satisfaisant, mais à la fin on a réussi à trouver des moyens préservatifs et des moyens curatifs.

Parmi ces remèdes, les uns ne sont d'aucune efficacité, il y en a même qui sont de nature à nuire à la vigne; les autres n'ont qu'une propriété insuffisante; d'autres cependant sont propres à prévenir ou à détruire le fléau.

Un Italien, nommé M. Guida, a pratiqué une forte incision à la base des ceps, et il a failli perdre toutes ses vignes. Il pensait que la vigne était malade par exubérance de sève; il s'est empressé d'abandonner son erreur et son funeste remède. Les partisans de son opinion se sont hâtés aussi de renoncer à cette espèce de médicament.

D'autres ont imaginé l'ablation des jeunes pousses, l'ébarbement des racines, la taille prématurée, retardée ou négligée, le provignement, le couchage, etc.

Aucun de ces remèdes n'est bon. L'ablation des jeunes pousses nuit à la vigne et elle n'empêche point la maladie d'attaquer le reste de la souche, qui demeure exposé aux mêmes ravages; l'ébarbement ne produit rien contre l'*Oïdium*; d'après de fort nombreuses expériences, le mal n'est point aux racines : la fatale poussière vient du dehors et dévore les jeunes pousses, les feuilles ainsi que les raisins; que la taille soit faite avant ou après l'époque ordinaire, l'*Oïdium* n'est point empêché de saisir tout ce qui reste après cette opération; le provignement garantit quelques parties, mais il ne les garantit pas assez, et il n'est applicable qu'à quelques ceps; d'ailleurs ce moyen, à la longue, affaiblirait, perdrait la vigne. Le couchage présente les mêmes avantages et il est sujet aux mêmes inconvénients.

Évidemment, ce sont des remèdes d'une efficacité tout-à-fait insuffisante, et le plus souvent d'une nullité complète.

Les engrais sont utiles pour fortifier la vigne; mais ils ne peuvent être jetés d'avance dans la terre: ils ne rebutent pas l'*Oïdium*. L'expérience a montré des souches qui avaient été bien soignées sous ce rapport, et qui néanmoins ont été couvertes de la poudre grise. D'ailleurs ce moyen serait trop coûteux; il faudrait en user tous les ans, dans toute l'étendue des vignobles, et les fumiers sont tous fort chers.

Les plantes à odeurs fortes, comme romarin, sauge, lavande, thym, serpolet, rue, laurier, oranger, les arbres résineux, etc., placés dans le voisinage des vignes, n'ont aucun effet contre l'*Oïdium*, non plus que les usines à gaz, les fabriques d'acides pyroligneux, les fabriques de caoutchouc : ces objets, ainsi disposés, n'ont pas une force suffisante pour la prévention ou pour la destruction du mal; il faut quelque chose de plus rapproché, quelque chose qui atteigne réellement l'animalcule.

Il ne suffit pas non plus de répandre près des vignes des huiles provenant de la distillation de la houille, des schistes, de la tourbe, du bois, du pétrole : ces objets, ainsi disposés, ne produiraient pas l'effet requis; il faut encore que le médicament agisse d'une manière plus directe et atteigne réellement l'animal dévastateur.

Comme les vents emportent les nuages et les brouillards, on a pensé que de forts soufflets feraient voler aisément l'*Oïdium;* on s'est mépris : on n'a pas réussi. Ce moyen enlevait quelques parties de la fatale poussière, mais la masse est constamment restée adhérente à sa proie. Le frottement simultané n'a pas fait grand bien. Ce remède est pour le moins insuffisant.

L'eau, bien employée, est le remède le plus simple, le plus commun et le plus général. Chaude ou froide, versée ou jetée très-abondamment et fortement sur la plante malade, avec frottement aux jeunes pousses, au raisin et à la vigne, elle fait tomber la fatale poussière et disparaître le terrible fléau. L'eau chaude paraît plus efficace; versée assez abondamment ou jetée avec force sur la souche, elle fait disparaître l'*Oïdium*, et la plante atteinte reprend bientôt sa force et sa fraîcheur, pourvu toutefois que le mal ne revienne pas d'ailleurs : ce qui est très-possible tant que la maladie n'est pas entièrement chassée de nos climats. L'eau froide suffit, mais il faut avoir soin de bien frotter la plante et particulièrement le raisin. Une observation très-importante à faire ici, c'est que l'opération est incomplète et plus ou moins nulle, si on se contente de jeter l'eau et si l'on n'a pas soin, par le frottement, de faire tomber la poussière de la souche; s'il en reste un peu, c'est un levain qui n'est point perdu. L'efficacité de l'eau ainsi employée résulte d'une foule d'expériences. M. Tucker, au moyen de l'eau chaude, guérit une souche atteinte de la maladie. M. Mène, de Vaugirard, près de Paris, a guéri ses vignes en usant de l'eau chaude, de 30 à 35 degrés centigrade. Le comte Constantini a guéri ses souches malades au moyen de l'eau de la mer; il lavait plusieurs fois ses plantes attaquées. L'auteur de cet opuscule a essayé avec succès l'eau douce froide; il a frotté fortement ses ceps en les lavant fortement et avec abondance. Un point très-essentiel ici, c'est que la poussière grise ne tomberait pas si on n'avait pas soin de bien frotter pendant que l'eau est versée fortement et abondamment. Ainsi, l'efficacité de l'eau bien employée est incontestable.

Le soufre en fleur, jeté sur la plante malade, au moyen d'un soufflet Gonthier, ou tout autre instrument propre à produire le même effet, ou avec la main si l'on n'a pas autre chose, tue l'animalcule. L'opération doit être faite le soir, vers ou après le coucher du soleil, ou le matin avant le lever de cet astre; s'il y a de la rosée, la rosée empêche le soufre de voler; s'il n'y en a point, il convient de mouiller la plante; si le ciel est couvert, ces précautions sont inutiles. La Société d'Horticulture de Paris s'est servie, avec succès, du soufre en poudre, à-peu-près de la même manière. La seule objection à lui opposer, c'est que le soufre n'est pas le seul médicament efficace contre l'*Oïdium;* on mêle aussi le soufre avec l'eau, c'est un excellent remède: l'acide qui se forme tue l'animalcule. On brûle enfin le soufre sous les souches; la fumée qui s'élève abondamment et avec force asphixie l'animal. Au défaut de soufre, on atteint le même but en produisant de la fumée avec un objet quelconque.

La potasse, la chaux, le plâtre, la soude, le vitriol, le vinaigre, en général tous les acides, sont des remèdes efficaces contre l'*Oïdium*. Par le mélange de l'eau avec la potasse, ou la chaux, ou le plâtre, ou la soude, on forme de l'acide carbonique propre à étouffer les animaux qui en sont atteints. Par le mélange du vitriol et de l'eau on obtient de l'acide d'ammoniaque, qui produit un effet pour le moins aussi destructeur. Le vinaigre et les autres acides ont aussi la propriété d'étouffer même les animalcules. La potasse, la chaux, le plâtre et la soude, sont employés en poudre, comme le soufre, ou mêlés avec l'eau. Toutes ces opérations doivent être bien faites; si quelque partie essentielle manque, elles sont incomplètes ou nulles.

D'autres acides, comme l'acide arsénieux ou arsénique, l'acide azotique, etc., seraient redoutables à l'*Oïdium;* mais il faut renoncer à en faire usage : ils causeraient de trop graves inconvénients.

Les huiles volatiles méritent un rang distingué. Elles sont composées de matières éminemment propres à produire ce résultat, mais ces substances se vendent très-cher et elles sont sujettes à s'évaporer. Quelques gouttes suffisent. On les emploie seules, ou bien on les mêle avec l'eau, et l'on observe rigoureusement ce qui est requis pour les aspersions.

La moutarde est un remède très-efficace contre l'*Oïdium*. M. Vitu, de Lyon, en a fait avec succès l'expérience; on peut en toute confiance suivre sa méthode. On répand la moutarde en poudre, comme le soufre, la potasse, etc., ou bien on la mélange avec l'eau et l'on arrose avec ce liquide, comme avec l'eau de chaux ou de vitriol, observant toujours ce qui est prescrit pour que l'opération soit bien faite.

Les substances résineuses, la vapeur de goudron, la thérébentine, sont d'excellents remèdes contre l'*Oïdium;* elles sont composées de matières qui tuent les animalcules. La Société Linnéenne de Bordeaux a souvent recommandé l'usage de l'eau de goudron pour la guérison de cette maladie. On verse ces liquides, en petite quantité, sur les souches malades, ou bien on les mêle avec de l'eau, et l'on asperge comme à l'ordinaire. Il faut encore se prémunir contre l'évaporation; ici elle est encore à craindre, ces substances y sont entièrement sujettes.

L'eau de savon est un remède très-efficace contre l'*Oïdium;* elle est formée de matières aptes à tuer les animaux microscopiques. Une grande quantité ne serait pas nécessaire : un morceau assez gros suffirait pour une comporte d'eau. On n'a qu'à fortement en asperger chaque souche malade, en observant soigneusement tout ce qui est prescrit pour des aspersions convenables.

Toutes les huiles, les graisses, sont des moyens très-efficaces pour détruire l'*Oïdium;* elles sont composées de matières qui sont de nature à produire cet effet. On n'a qu'à bien frotter les ceps atteints de la maladie, et les animalcules tombent bientôt.

Les mélanges capables d'exhaler de l'hydrosulfate d'ammoniaque, tout objet de nature à donner de la fumée, sont d'excellents remèdes contre l'*Oïdium :* l'animalcule est immédiatement asphixié. La liqueur fumante de Bayle serait très-utile, mais il n'y a que les savants qui soient à même d'en user. Les plantes à odeurs fortes, comme romarin, sauge, etc., et les arbres résineux, doivent être préférés : ils ont une force particulière capable d'augmenter l'effet et d'assurer le succès La recette de M. Brun, de Marseille, est excellente ; on ne saurait assez la recommander. La méthode de M. Majoli, de Florence, est fort bonne ; elle est compliquée, peut-être trop. Il serait utile de la simplifier, d'employer ces matières séparément.

Tous ces objets sont de nature à tuer l'animalcule. Ainsi, lorsque la maladie se déclare, il faut se hâter de recourir à l'un de ces moyens, surtout à l'eau : on se la procure aisément. La fumée s'obtient aussi au moyen d'objets fort communs et de peu de valeur, etc.

Il faut médicamenter à propos et bien employer les remèdes reconnus bons, en se conformant scrupuleusement à toutes les prescriptions, même les plus minutieuses. Ici, tout est essentiel ; encore ce n'est pas assez à certaines époques, il faut veiller constamment. Si l'on ne découvre rien, on peut rester tranquille ; mais si l'on voit la fatale poussière, il n'y a plus un moment à perdre, il est d'une urgente nécessité de s'empresser d'agir.

Invitation aux propriétaires de vignes.

On ne doit point se le dissimuler, cette maladie, qui a fait de si rapides et de si déplorables ravages, n'a pas entièrement disparu du milieu de nous. Des germes suffisants pour renouveler les désastres de 1852 existent encore dans la plupart de nos pays vinicoles. Le fléau, il est juste d'en convenir, a sévi dans les derniers temps avec moins de violence, parce que les saisons ne l'ont point favorisé. Mais, ce qui est incontestable, c'est que cette maladie n'est point tout-à-fait chassée de nos climats, puisqu'elle reparaît dans presque tous les pays de vignes, même après un rigoureux hiver. Au mois de juin 1855, on lisait dans un journal de Bordeaux : « Il y a très-peu de localités où l'on ne constate « aujourd'hui quelques cas d'*Oïdium.* » D'autres journaux annoncèrent la même vérité, soit en France, soit à l'étranger, en Portugal, en Espagne, en Grèce, etc. En 1856, le froid et les pluies du printemps ont retardé l'apparition du fléau, mais au beau temps la maladie se déclare dans beaucoup d'endroits; des plaintes s'élèvent de toutes parts. Il ne convient donc pas de s'endormir si l'on veut conserver ses vignes et les garantir de la fureur du fléau destructeur. Pour peu qu'il reste de la fatale poussière, c'est un levain qui fermentera lorsque cette fermentation sera secondée par le temps; il n'y a pas du tout à se faire la moindre illusion. Les remèdes éprouvés, d'une acquisition et d'une application plus ou moins faciles, sont d'une efficacité incontestable. Ainsi, le doute dans cette matière n'est plus possible; le découragement et l'inaction sont sans nulle excuse. Que chacun fasse ce que d'autres ont fait heureusement; que les savants dirigent ceux qui ne le sont pas, et que chacun se mette à l'œuvre, les uns en étudiant, les autres en exécutant les prescriptions données. Que tous les esprits s'excitent, s'enflamment, et que de tant d'efforts résulte la disparition du mal. C'est encore un fait incontestable, que si l'on n'a pas suffisamment réussi, c'est qu'on n'a pas employé les vrais médicaments, ou qu'on les a mal appliqués, ou qu'on ne les a pas employés quand c'était nécessaire. Qu'on choisisse mieux, soit pour les remèdes, soit pour le temps; qu'on remplisse ponctuellement toutes les conditions des opérations de ce genre, et les succès seront complètement assurés, le redoutable fléau disparaîtra enfin de nos climats et peut-être du monde.

FIN.

TABLE DES MATIÈRES

contenues dans ce Volume

Pages.

FIN DE LA TABLE.

www.ingramcontent.com/pod-product-compliance
Lightning Source LLC
LaVergne TN
LVHW012014160826
845678LV00002B/833

* 9 7 8 2 3 2 9 6 6 1 9 4 0 *